BEI GRIN MACHT SICH IHR WISSEN BEZAHLT

- Wir veröffentlichen Ihre Hausarbeit, Bachelor- und Masterarbeit

- Ihr eigenes eBook und Buch - weltweit in allen wichtigen Shops

- Verdienen Sie an jedem Verkauf

Jetzt bei www.GRIN.com hochladen und kostenlos publizieren

GRIN

Sven-David Müller

Ernährungstherapie bei Arthritis und Arthrose

Diät bei Gicht, Hyperurikämie, Rheuma, Arthritis und Arthrose

GRIN Verlag

Bibliografische Information der Deutschen Nationalbibliothek:

Die Deutsche Bibliothek verzeichnet diese Publikation in der Deutschen National-
bibliografie; detaillierte bibliografische Daten sind im Internet über http://dnb.d-
nb.de/ abrufbar.

Dieses Werk sowie alle darin enthaltenen einzelnen Beiträge und Abbildungen
sind urheberrechtlich geschützt. Jede Verwertung, die nicht ausdrücklich vom
Urheberrechtsschutz zugelassen ist, bedarf der vorherigen Zustimmung des Verla-
ges. Das gilt insbesondere für Vervielfältigungen, Bearbeitungen, Übersetzungen,
Mikroverfilmungen, Auswertungen durch Datenbanken und für die Einspeicherung
und Verarbeitung in elektronische Systeme. Alle Rechte, auch die des auszugsweisen
Nachdrucks, der fotomechanischen Wiedergabe (einschließlich Mikrokopie) sowie
der Auswertung durch Datenbanken oder ähnliche Einrichtungen, vorbehalten.

Impressum:

Copyright © 2011 GRIN Verlag GmbH
Druck und Bindung: Books on Demand GmbH, Norderstedt Germany
ISBN: 978-3-640-84489-0

Dieses Buch bei GRIN:

http://www.grin.com/de/e-book/167402/ernaehrungstherapie-bei-arthritis-und-
arthrose

GRIN - Your knowledge has value

Der GRIN Verlag publiziert seit 1998 wissenschaftliche Arbeiten von Studenten, Hochschullehrern und anderen Akademikern als eBook und gedrucktes Buch. Die Verlagswebsite www.grin.com ist die ideale Plattform zur Veröffentlichung von Hausarbeiten, Abschlussarbeiten, wissenschaftlichen Aufsätzen, Dissertationen und Fachbüchern.

Besuchen Sie uns im Internet:

http://www.grin.com/

http://www.facebook.com/grincom

http://www.twitter.com/grin_com

Coverbild: morguefi le.com

Ernährungstherapie bei Arthritis und Arthrose
Diättherapeutische Möglichkeiten bei Arthrtis urica (Gicht), Rheumatoider Arthritis

von Sven-David Müller, M.Sc.

Krankheiten des Bewegungsapparates – entzündlicher wie auch degenerativer Natur – stellen für die ärztliche Praxis 10 bis 15 Prozent der zu versorgenden Patienten dar. Dabei wird der Anteil der entzündlichen-rheumatologischen Erkrankungen – Rheumatoide Arthritis – in der Bundesrepublik Deutschland mit rund 2,5 bis 3 Prozent der Bevölkerung veranschlagt. Diese Zahlen verdeutlichen nicht nur die Notwendigkeit einer aktuellen Information für Betroffene und Interessierte über die Vorbeugung, Diagnostik und Therapie der entzündlichen sowie degenerativen Erkrankungen des Bewegungsapparates sondern widerspiegeln ebenso die gesundheitlichpolitische Relevanz dieser Krankheitsgruppe. Definiert man die rheumatischen Erkrankungen als Zustände, die mit Schmerzen und Funktionseinschränkungen am Bewegungsapparat einhergehen, so sind Krankheiten der peripheren Gelenke von denen des Stammskeletts sowie der Weichteile abzugrenzen. Menschen, die unter rheumatoider Arthritis leiden, profitieren von einer entzündungshemmenden Ernährungstherapie, wie sie in diesem Buch beschrieben wird. Diese Kost ist arm an entzündungsförderlicher Arachidonsäure und reich an Omega-3-Fettsäuren, die entzündliche Reaktionen herabsetzen. Mindestens 800.000 Menschen in Deutschland leiden unter rheumatoider Arthritis. Degenerative Gelenkerkrankungen (Arthrosen) sind durch einen vom Knorpel ausgehenden, fortschreitenden Zerstörungsprozess gekennzeichent. In der Ernährungstherapie profitieren Arthrosebetroffene von einer gesunden, ausgewogenen Kost, die Übergewicht abbaut oder vermeidet. Im übrigen profitieren die Arthrotiker angesichts der Häufigkeit und pathogenetischen Bedeutung entzündlicher Komplikationen (arthrtitifizierter Arthrose) von einer Kostgestaltung nach gleichen Gesichtspunkten wie bei rheumatoider Arthritis.

Gicht (Arthritis urica)
In früheren Jahrhunderten trat die Gicht (Hyperurikämie) überwiegend bei wohlhabenden Leuten auf. Sie wurde damals volkstümlich als Zipperlein bezeichnet und zählte zu den typischen Wohlstandskrankheiten. Gicht findet man heute wie auch früher als Folge der allgemeinen Überernährung und der zunehmend verringerten körperlichen Aktivität. Heute kann man davon ausgehen, dass etwa 3 Prozent aller Männer, die das 65. Lebensjahr erreichen, unter einem Gichtanfall leiden.

Definition
Unter Gicht wird eine in Schüben verlaufende Erkrankung mit Erhöhung der Harnsäurekonzentration im Blut verstanden. Es kommt zur Ablagerung von Natriumurat auskristallisierender Harnsäure überwiegend in Gelenkkapseln und –knorpel, der Ohrmuschel und den Nierentubuli. Als Tophi werden die sich im (Gicht-) Knoten ablagernden Harnsäurekristalle bezeichnet. Gicht betrifft am häufigsten das Großzehengelenk, die sogenannte Podagra. Es werden zwei Formen der Gicht unterschieden: die primäre (familiäre) und die sekundäre Hyperurikämie. Die primäre Hyperurkämie beruht auf einer angeborenen Störung des Purinstoffwechsels, die in 75 bis 80 Prozent der Fälle die Ausscheidung über die Niere beeinträchtigt und in 20 bis 25 Prozent zu einer vermehrten Harnsäurebildung führt. Die sekundäre Hyperurikämie dagegen beruht nicht auf einer Störung des Stoffwechsels, sondern auf einer verminderten Ausscheidung oder erhöhten Bildung von Harnsäure. Trotz vieler Gemeinsamkeiten mit rheumatischen Erkrankungen (Gelenkschmerz, -entzündung, -zerstörung, Befall von Knochen, Knorpel, Sehnen und Schleimbeuteln) zählt die Gicht zu den Stoffwechselerkrankungen.

Ursachen

Gicht ist die Folge einer Störung des Purinstoffwechsels. Purine, wie Adenin, Hypoxanthin und Guanin, sind Bestandteile der Nukleinsäuren und damit der DNA oder RNA und kommen in allen menschlichen und tierischen Zellkernen vor. Harnsäure ist das Abbauprodukt dieser Purine. Die Zufuhr zum Harnsäurepool erfolgt einerseits aus der körpereigenen, endogenen Synthese (350 mg täglich), andererseits aus Nahrungspurinen (exogener Purinzufuhr) mit mehr als 300 mg täglich. Während beim Stoffwechselgesunden ein Gleichgewicht zwischen Harnsäurezufuhr und -ausscheidung besteht, ist dieses beim Gichtkranken gestört. Somit kommt es zu einer Vergrößerung des Harnsäurepools. Beim Gesunden liegt die Harnsäurekonzentration im Serum zwischen 2 und 7 mg/dl. Ab einer Harnsäurekonzentration von 6,5 mg/dl besteht die Gefahr einer Harnsäureausfällung.

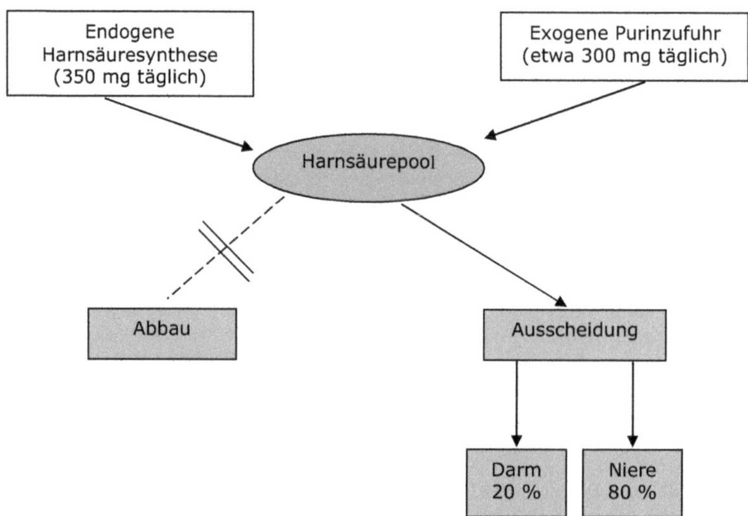

Abbildung: Synthese, Zufuhr und Ausscheidung der Harnsäure

Gicht-Symptome
Ein akuter Gichtanfall führt zu Schwellungen und Hautrötungen an den Gelenken.
In 2/3 aller Fälle ist das Großzehengrundgelenk betroffen. Diese können sich auf benachbarte Gebiete ausdehnen. Begleitend treten Symptome wie allgemeines Krankheitsgefühl, Fieber, erhöhter Puls, Kopfschmerzen und Erbrechen auf. Man unterscheidet vier verschiedene Formen:
1. asymptomatische Hyperurikämie: erhöhter Harnsäurespiegel, der zufällig entdeckt wird und völlig symptomlos verläuft.
2. akuter Gichtanfall: entsteht durch Natriumuratkristalle im Gelenkinnenraum und führt zu erheblichen Schwellungen, Entzündungen und Ergussbildung. Der Anfall beginnt in der Regel nachts oder frühmorgens und ist extrem schmerzhaft. Auslöser sind üppige Mahlzeiten mit Alkoholgenuss. Klassisch ist der Befall der Großzehengrundgelenks, aber auch Finger- und Handwurzelgelenke sowie das obere Sprunggelenk können betroffen sein.
3. interkritische Phase: hierbei handelt es sich um die Zeitspanne zwischen zwei Gichtanfällen, die wiederum symptomfrei verläuft. Es kann Monate bis Jahre dauern, bis ein neuer Gichtfall auftritt.
4. chronische Gicht: von einer chronischen Gicht spricht man, wenn es in mehreren Gelenken zu Harnsäure Ablagerungen, entzündlichen Reaktionen sowie Knorpel- und Knochenzerstörungen mit arthritischen Gelenkveränderungen kommt.

Gicht-Diagnose
Die Diagnose einer Hyperurikämie basiert auf der Messung des Harnsäurespiegels und dem Nachweis von Natriumuratkristallen in den Geweben und Gelenken.

Gicht-Therapie
Das Ziel der Langzeittherapie ist eine dauerhafte Senkung des Harnsäurebestandes im Körper. Die Ernährungstherapie ist dabei die Basis. Dabei muss die Gesamtzufuhr von Purinen, die sich sowohl in tierischen als auch in pflanzlichen Lebensmitteln als Bausteine der RNS, DNS und von Nukleotiden zu finden sind. Daneben werden Medikamente eingesetzt, die zum einen die Bildung von Harnsäure hemmen (Urikostatika) und zum anderen die Ausscheidung über die Niere erhöhen (Urikosurika).

Ernährungstherapie bei Hyperurikämie und Gicht
Eine konsequente Ernährungsumstellung hilft, Medikamente einzusparen oder macht diese überflüssig. Die häufige Über- und Fehlernährung in den westlichen Industrieländern ist als Ursache für die Entstehung einer Hyperurikämie und letztlich der Gicht zu sehen. Die Ernährungsumstellung bei einer Hyperurikämie verfolgt folgende Ziele:
- Einschränkung der Purinzufuhr mit der Nahrung
- Normalisierung des Körpergewichts bei Übergewicht
- Als Eiweißquelle Milch und Milchprodukte bevorzugen
- Einschränkung des Alkoholkonsums

Eine purinarme Kost sollte nicht mehr als 300 bis 500 mg Harnsäure pro Tag oder bis 3500 mg wöchentlich enthalten.
- Der Fleisch-, Fleischwaren- und Fischkonsum sollte sich auf 100 g pro Tag beschränken. Bei Geflügel und Fisch ist die purinreichere Haut entfernen.
- Tierische Lebensmittel mit mehr als 200 mg Purinen pro 100 g wie Innereien, Schwarten, Fleischextrakt, bestimmte Fischarten und alle pflanzlichen Produkte mit mehr als 50 mg Purinen pro 100g wie Hülsenfrüchte, grüne Erbsen, Broccoli, Weizenkeime sollten gemieden werden.
- Bevorzugung fettarmer Milchprodukte und Ei als Quelle tierischen Eiweißes
- Meiden von Innereien wie Leber, Niere, Bries, Herz, einige Fischsorten und Krustentiere wie Salzhering und Hummer
- Hülsenfrüchte und purinreiche pflanzliche Lebensmittel meiden (Kohl, Rosenkohl, Erbsen, weiße Bohnen und Linsen
- Einschränkung des Alkoholkonsums auf ein Glas Wein oder Bier täglich. 100 ml Bier enthalten 15 mg Harnsäure. Auch alkoholfreies Bier enthält etwa die gleiche Menge Purine
- Tee, Kakao und Kaffee sind erlaubt.
- Die Flüssigkeitszufuhr sollte täglich mehr als 2,5 Liter betragen, damit die Harnsäureausscheidung über die Niere durch die erhöhte Diurese steigt. Geeignet sind alkalisierende hydrogencarbonatreiche Mineralwässer (führen zu einem Anstieg des Harn-pH-Wertes).
- Die Nahrungsmittel am besten kochen, da ein Teil der Purine in das Kochwasser übergeht

Eine streng purinarme Diät enthält nicht mehr als 300 mg Harnsäure täglich oder 2000 mg pro Woche. Es gelten die Regeln der purinarmen Diät. Zusätzlich sollte sich die Fleisch-, Wurst- oder Fischaufnahme maximal bis 100 g auf ein- bis zweimal wöchentlich beschränken.

Harnsäuregehalt in verschiedenen Lebensmitteln pro 100 g und pro Portion			
	Harnsäure in mg pro 100 g	**Portion in g**	**Harnsäure in mg pro Portion**
Schweinefleisch	150	150	225
Rindfleisch	140	150	210
Hühnerkeule	160	150	240
Forelle	200	150	400
Bohnen (weiß)	180	50	90
Bohnen (grün)	42	150	63
Erbsen	150	150	225
Rosenkohl	60	150	90
Spinat	50	200	100
Blumenkohl	45	150	68
Chinakohl	25	50	12
Spargel	25	200	50
Feldsalat	24	30	7

Therapie bei einem akuten Gichtanfall

Tritt akut ein Gichtanfall auf, sollte eine flüssigkeitsangereicherte, streng purinarme Kost verabreicht werden. Für die Flüssigkeitszufuhr eigenen sich Tee, Säfte und alkalisierende Mineralwässer. Die Kost sollte leicht verdaulich sein. Für die Dauer der akuten Phase kann auch eine Reis-Obst-Diät oder Obstkost eingesetzt werden.

Reis-Obst-Diät: Es werden 250 bis 300 g Reis (Trockengewicht) und 750 bis 1000 g Obst ohne Zusatz von Salz, Milch oder Fett zubereitet und auf 5 bis 6 Mahlzeiten täglich aufgeteilt. Die Auswahl der Obstsorten und die Art der Zubereitung sollte abwechslungsreich ausfallen: als Kompott, Rohobst oder Obstsalat. Als Geschmacksverfeinerung kann etwas Zucker, Vanillezucker, Zimt oder Zitronenzusatz verwendet werden.

Obstdiät: Sie besteht aus der Gabe von 1250 bis 1500 g Obst auf fünf bis sechs Mahlzeiten täglich verteilt. Es sollte auf eine gemischte Auswahl zurückgegriffen werden. Avocados, Trockenobst, Nüsse, und überreifes Obst sind zu meiden. Zuckerreiche Sorten wie Weintrauben, Bananen oder Süßkirschen nur auf besonderer Verordnung einsetzen. Das Obst kann in frischer Form, als Ungezuckerten Obstsalat oder bei magenempfindlichen Personen als ungezuckerter Kompott verabreicht werden.

Rheumatoide Arthritis

Bereits dem griechische Arzt Hippokrates (460 bis 377 v. Chr.) und dem großen deutschen Mediziner Paracelsus (1493 bis 1541) war Rheumatismus und dessen Behandlung bekannt. Rheumatische Erkrankungen sind der Oberbegriff einer Vielzahl verschiedener Erkrankungen. Ihr gemeinsames Hauptmerkmal ist der Lokalisationsort das Stütz- und Bindegewebe des Bewegungsapparates. Von den rheumatischen Veränderungen sind der Bewegungsapparat mit seinen Gelenken, Muskeln, Sehnen und Bändern, aber auch Erkrankungen des Bindegewebes, betroffen. Der Begriff Rheumatismus kommt aus dem Griechischen und bedeutet fließen, strömen. Es ist die veraltete, ungenaue Bezeichnung für die verschiedendsten Erkrankungen des rheumatischen Formenkreises, die mit fließenden, reißenden und ziehenden Schmerzen am Bewegungsapparat einhergehen. Nur die entzündlichen rheumatischen Erkrankungen wie die chronische Polyarthritis sind einer Ernährungstherapie zugänglich.

Erst in jüngster Zeit zeigen wissenschaftliche Studien, daß nur in tierischen Nahrungsmitteln Stoffe enthalten sind, die die Entzündung der Gelenke fördern. Die Entzündung steht in engem Zusammenhang mit einer erhöhten Belastung des Körpers mit Arachidonsäure. Sie kommt nur in tierischen, fettreichen Nahrungsmitteln vor. Etwa jeder 10. Erwachsene in Deutschland leidet unter den Symptomen von Erkrankungen des rheumatischen Formenkreises. Als Rheuma bezeichnet man im Volksmund Krankheiten mit Schmerzen in den Bewegungsorganen (Gelenke, Wirbelsäule oder Muskulatur). Erkrankungen des rheumatischen Formenkreises gibt es in zahlreichen, unterschiedlichen Ausprägungen. Rheuma ist eine Sammelbezeichnung für mehr als 100 unterschiedliche Erkrankungen. Allen ist der Schmerz der Bewegungsorgane und eine eingeschränkte Beweglichkeit der Gelenke gemein. Zudem kommt es zu Schwellung und unter Umständen zum teilweisen oder vollständigen Funktionsverlust der betroffenen Körperregionen.

Die den Erkrankungen des rheumatischen Formenkreises zugrundeliegenden immunologischen Mechanismen sind nur unzureichend bekannt und Bestandteil der medizinisch wissenschaftlichen Forschung. Neben erblichen Faktoren, die sowohl bei den entzündlichen als auch den degenerativen rheumatischen Erkrankungen als wesentliche Rolle spielen, gelten bakterielle Infektionen, Streß sowie chemikalische und physikalische Einwirkungen als wichtigste Auslöser. Für die entzündlichen Reaktionen, die bei entzündlichen rheumatischen Erkrankungen auftreten, sind die sogenannten Eicosanoide und Zytokine als Vermittler der Entzündung (= Entzündungsmediatoren) wesentlich mitverantwortlich. Die häufigsten Formen von Rheuma sind Arthritis, Arthrosen, Weichteilrheumatismus, Wirbelsäulenverschleiß und die chronische Polyarthritis. Aber auch Gicht, die Osteoporose und Morbus Bechterew zählen zu den Erkrankungen des rheumatischen Formenkreises.

Die verschiedenen rheumatischen Erkrankungen sind von der Häufigkeit in der deutschen Bevökerung wie folgt verteilt:

Arthritis/Arthrosen
(Verschleißerkrankungen des Gelenkknorpels)   5 Millionen Betroffene
Weichteil-Rheumatismus (meist ist die Muskulatur betroffen)   1,6 Millionenn Betroffene
Chronische Polyarthris (Entzündungen in mehreren Gelenken)   1 Million Betroffene
Morbus Bechterew (Versteifung der Wirbelsäule)   800 Tausend Betroffene

Rheuma-Therapie
Die medikamentöse Therapie erfolgt in erster Linie auf die Beschwerden bezogen. Die am häufigsten eingesetzten antirheumatischen Medikamente, die nichtsteoridalen Antirheumatika, Cortison und Basistherapeutika richten sich vorrangig gegen die Entzündung. Die nichtsteoridalen Antirheumatika wirken zusätzlich unterschiedlich stark gegen den Rheumaschmerz. Nachteil dieser Medikamente stellen die relativ häufig auftretenden unerwünschten Wirkungen (Nebenwirkungen) teils schwerwiegender Natur dar sowie Kontraindikationen, die den Einsatz bei Patienten verbieten.

Grundlagen der Ernährungstherapie bei Rheuma
Ernährungstherapie statt Medikamentenbehandlung – davon träumen viele Rheumatiker, die mit Nebenwirkungen zu kämpfen haben, oder die unter starken Schmerzen trotz Medikation leiden. Die richtige Ernährungsweise sowie die regelmäßige Krankengymnastik kann die Rheumatherapie nicht ersetzten, sie bringt jedoch eine nebenwirkungsfreie, billige und lecker schmeckende Unterstützung im Kampf gegen eine chronische Krankheit. Erkrankungen des rheumatischen Formenkreises sind keine ernährungsbedingten Erkrankungen wie Adipositas, Gicht oder Diabetes mellitus Typ 2. Bereits Hippokrates beschrieb jedoch Beziehungen zwischen der Ernährungsweise und dem Erkrankungsverlauf bei Erkrankungen des rheumatischen Formenkreises.

Die primär chronische Polyarthritis ist eine immunologisch bedingte rheumatische Erkrankung, die auf eine Ernährungstherapie anspricht. Grundsätzlich läßt sich feststellen, das Patienten, die unter einer primär chronischen Polyarthritis leiden, ihre Beschwerden verringern und gegebenenfalls Medikamente einsparen können, wenn sie vorwiegend pflanzliche Nahrungsmittel, wenig fettreiche tierische Nahrungsmittel, reichlich Fisch (mindestens 3 - 4 mal wöchentlich) essen und antioxidative Vitamine sowie Mineralstoffe und Omega-3-Fettsäuren substituieren. In einer Befragung gaben 61 von 140 Befragten Rheumatikern an, daß der Genuß von Fleisch- und Wurstwaren zu einer Verschlimmerung der Rheumabeschwerden führt und 27 gaben an, daß diese durch tierische Fette und Milchprodukte hervorgerufen wird. Eine Besserung glaubten von 140 40 nach pflanzlicher Kost, 36 nach Fasten, 57 nach einer Kost mit hohem Rohkostanteil und 17 unter anderem nach dem Genuß von pflanzlichen Fetten zu beobachten.

Übergewicht: Der Feind des Rheumatikers

Sehr viele Rheumapatienten haben Übergewicht. Jedes Kilo zuviel belastet den Bewegungsapperat. Eine Gewichtsreduktion ist für den übergewichtigen Rheumatiker der erste und wichtigste Schritt zur Schmerzreduktion.

Richtig abnehmen bei rheumatischen Erkrankungen

Nach jahrelangen Diskussionen um die richtige Reduktionskost ist klar, daß eine fettarme Ernährung zur Gewichtsabnahme führt. Ein Gewichtsverlust von 500 g pro Woche ist dabei völlig ausreichend. Die Energiezufuhr bei einer Reduktionskost liegt idealerweise zwischen 1200 und 1800 Kilokalorien. Nicht Kartoffeln, Reis, Nudeln, Brot, Bananen oder Weintrauben sind die Dickmacher der Nation sondern die großen Fleisch- und Wurstportionen, die auch den Arachidonsäurespiegel erhöhen. Im Gegensatz zu Fett machen Kohlenhydrate nicht dick und enthalten keine Arachidonsäure.

Kohlenhydrate

Die direkte Energieversorgung des Körpers stammt aus kohlenhydratreichen Nahrungsmitteln wie Getreideprodukten (Vollkornbrot, Vollkornbrötchen, Vollkornreis, Vollkornnudeln), Gemüse, Salate, Kartoffeln, Obst und Zucker. Mit Ausnahme von Zucker und Weißmehlprodukten sind kohlenhydratereiche Nahrungsmittel relativ Kilokalorienarm aber reich an wertvollen Ballaststoffen.

Eiweiße

Eiweiß wird wissenschaftlich als Protein bezeichnet und ist lebensnotwendig. Es dient dem Körper als Baustoff für die Muskulatur aber auch für zahlreiche Hormone und Enzyme. Rheumatiker decken ihren Eiweißbedarf über pflanzliche Nahrungsmittel, fettarme Milchprodukte und insbesondere Fisch. Entgegen der häufig ausgesprochenen Empfehlung hat der Konsum von Schweinefleisch keinen negativen Effekt bei Gelenkerkrankungen oder Erkrankungen des rheumatischen Formenkreises.

Fette

Fett ist der energiereichste Nährstoff und deswegen weisen Mediziner und Diätassistenten darauf hin, daß Fett fett macht. Rheumatiker sollten ausschließlich hochwertige Vitamin-E- reiche Pflanzenöle und Diät- oder Reformmargarine verwenden. Rheumatiker, insbesondere die unter Übergewicht leidenden, profitieren von einer äußerst sparsamen Verwendung der richtigen Fette.

Richtig trinken bei Rheuma

Jeder Mensch sollte täglich mindestens 2 Liter trinken. Die meisten Getränke haben keinerlei Einfluß auf das rheumatische Geschehen. Nur alkoholische Getränke können den entzündlichen Prozeß verstärken und sollten aus diesem Grunde weitgehend gemieden werden. Rheumatikern ist insbesondere Schwarz-, Kräuter- und Früchtetee, Kaffee (maximal 4 Tasse pro Tag), vitalstoffreicher Obst- und Gemüsesaft und besonders Mineralwasser (calciumreich > 250 mg/l) zu empfehlen.

Entzündungsmediatoren
Der „echte" Gelenkrheumatismus ist die primär chronische Polyarthritis. Die Ursachen für die entzündlichen Prozeße sind bekannt. Die Entzündungsprozeße werden durch bestimmte Botenstoffe (=Entzündungsmediatoren, beispielsweise Leukotrien B4) vermittelt. Die Ernährungstherapie dient der Verminderung der aus bestimmten Eicosanoiden gebildeten Entzündungsmediatoren. Eicosanoide sind hormonähnliche Substanzen, die aus mehrfach ungesättigten Fettsäuren mit einer Kettenlänge von 20 Kohlenstoffatomen gebildet werden. Daher bezeichnet der Wissenschaftler sie als Eicosanoide (20 heißt im Griechischen Eikos).

Enzündungsmediator ⇒   Entzündung   ⇒   Schmerz

Erkrankungen des rheumatischen Formenkreises stehen in engem Zusammenhang mit entzündlichen Reaktionen des Körpers. Entzündungsmediatoren wiederrum stehen in engem Zusammenhang mit der Ernährung. Hier sind die antioxidativen Vitamine und Mineralstoffe sowie insbesondere die Fettsäuren. Eicosanoide, die aus der mehrfach ungesättigten Fettsäure Arachidonsäure gebildet werden, sind maßgeblich an der Entzündungsreaktion der Gelenke beteiligt.

Übeltäter: Arachidonsäure
Arachidonsäure ist eine mehrfach ungesättigte Fettsäure, die in jedem Tier, also auch beim Menschen, aus einer pflanzlichen Fettsäure, der Linolsäure, hergestellt wird. Der Mensch nimmt jedoch weiterhin reichlich Arachidonsäure über tierische Nahrungsmittel auf und bildet zusätzlich im Stoffwechsel Arachidonsäure aus Linolsäure. Für den menschlichen Organismus ist es einfacher, Arachidonsäure über tierische Nahrungsmittel aufzunehmen, als im Stoffwechsel zu bilden. Arachidonsäure wird ausschließlich und mit der normalen Ernährung über tierische Nahrungsmittel im Überfluss zugeführt. Alle pflanzlichen Lebensmittel hingegen sind arachidonsäurefrei. Je mehr Arachidonsäure zur Verfügung steht, desto mehr entzündungsfördernde Eicosanoide werden gebildet. Aus Arachidonsäure wird der Entzündungsmediator Leukotrien B4 gebildet.

Arachidonsäure⇒   Entzündungsvermittler⇒   Entzündung⇒   Schmerz

Immer wieder hört und liest man, daß Fasten (Nulldiät) bei entzündlichen Rheumakrankheiten (chronischer Polyarthritis) Besserung bringen soll. Die durchschnittliche tägliche Arachidonsäureaufnahme liegt in Deutschland nach Adam bei 300 mg. Dem steht ein Verbraucher von nur 0,1 mg gegenüber. Experimentell läßt sich durch eine Verminderung der Arachidonsäurezufuhr eine Abnahme von Arachidonsäurespiegel und Eicosanoidbildung erzielen. Die Angaben über den Arachidonsäuregehalt in älteren Nährwerttabellen und Nährwertberechnungsprogrammen sind oftmals falsch. Die Angaben für unser Kochbuch entstammen zumeist den Analysen von Professor Dr. Dr. Olaf Adam aus München.

Arachidonsäuregehalt von Nahrungsmitteln (mg/100 g)

Tierische Nahrungsmittel enthalten Arachidonsäure. Je niedriger der Arachidonsäuregehalt, desto besser. Nur Fisch enthält neben der Arachidonsäure auch reichlich Omega 3 Fettsäuren, die die schädigende Wirkung der Arachidonsäure ausgleicht.

Milch und Milchprodukte

Milch, 3,5 % Fett	4
Milch, 1,5 % Fett	2
Milch, 0,3 % Fett	0
Kondensmilch, 7,5 % Fett	8
Saure Sahne, 10 % Fett	11
Schlagsahne, 30 % Fett	32
Buttermilch, 1 % Fett	1
Naturjoghurt, 3,5 % Fett	4
Naturjoghurt, 1,5 % Fett	2
Molke	0

Käse und Quark

Camembert, 30 % F.i.Tr.	13
Camembert, 45 % F.i.Tr.	22
Camembert, 60 % F.i.Tr.	34
Emmentaler, 45 % F.i.Tr.	28
Tilsiter, 45 % F.i.Tr.	27
Speisequark, 20 % Fett	5
Speisequark, mager	0

Hühnereier

1 Hühnerei	70
Eigelb	297

Tierische Fette

Butter	83
Schweineschmalz	1700

Innereien

Kalbsleber	352
Schweineleber	870
Rinderleber	210

Fleisch

Mageres Schweinefleisch	120
Mageres Rindfleisch	70
Mageres Kalbfleisch	53

Wurst und Schinken	
Gekochter Schinken	50
Geräucherter Schinken	130
Durchwachsener Speck	250
Leberwurst	230
Fleischwurst und Würstchen	120
Salami und Cervelatwurst	100

Geflügel	
Hühnerbrust	112
Hühnerkeule	190
Truthahnbrust	50
Truthahnkeule	150

Fische und Meerestiere	
Heilbutt	57
Seehecht*	29
Thunfisch*	280
Hering	37
Kabeljau	3
Makrele*	120
Gold- oder Rotbarsch*	240
Sardine und Sardellen	10
Schellfisch	2
Seezunge	23
Aal*	120
Forelle*	30
Lachs*	300

Pflanzliche Nahrungsmittel enthalten keine Arachidonsäure. Je weniger Arachidonsäure aufgenommen wird, desto besser.

Pflanzliche Öle und Fette	
Pflanzenöle	0
Pflanzenmargarine	0
Diät- und Halbfettmargarine	0

Gemüse, Hülsenfrüchte, Kartoffeln und Nüsse	0

Reis und eifreie Teigwaren	0

Sojaprodukte	0
Getreide, Mehl, Brot, Brötchen, und eifreieBackwaren	0
Obst	0

Wasser, Tee, Kaffee, Obstsaft und Limonade	0

Zucker, Konfitüre, Honig	0

Anmerkung: * Die enthaltenen Omega 3 Fettsäuren sorgen dafür, daß sich die enthaltene Arachindonsäure nicht negativ auswirken kann.

= Wenig empfehlenswert, wählen Sie eine grau unterlegte Alternative

= Sehr empfehlenswert

Leider liegen nur für die genannten Lebensmittel Analysen des Arachidonsäuregehaltes vor. Zu beachten ist, daß alle rein pflanzlichen Nahrungsmittel, auch Fertigprodukte, immer arachidonsäurefrei sind. Für tierische Lebensmittel gilt, daß Sie im Zweifelsfall einen Vergleichswert aus unserer Tabelle heranziehen können (beispielsweise: der Arachidonsäuregehalt von Gouda ist nicht analysiert. In diesem Falle können Sie als Vergleichswert den Arachidonsäuregehalt eines anderen Schnittkäses mit der gleichen Fettgehaltsstufe verwenden). Der Arachidonsäuregehalt von Fisch fließt nicht in Ihre Berechnung ein. Für den Rheumatiker wird eine „lacto-vegetarische" fischangereicherte Kost empfohlen. Das Wort „lacto" steht für Milch und Milchprodukte. Das Wort „vegetarisch" für Lebensmittel pflanzlichen Ursprungs. Diese Ernährung enthält zum größten Teil aus pflanzlichen Lebensmitteln, läßt außerdem Milch und Milchprodukte fettarmer Art und Fisch zu. Fleisch, Eier und fettreiche Milchprodukte werden weitgehendst ausgeklammert. Fisch ist obwohl Arachidonsäure enthält sehr gut geeignet, da er aus Ausgleich die entzündungshemmenden Omega 3 Fettsäuren (Eicosapentaensäure und Docosahexaensäure) enthält. Zusätzlich reduzieren Omega 3 Fettsäuren die Bildung von Arachidonsäure im Stoffwechsel. Für die entzündlichen Formen der rheumatischen Erkrankungen ist diese Ernährungsweise Grundlage jeder erfolgreichen Therapie, denn diese pflanzenbetonte Kost enthält in der Regel nicht mehr als 50 mg Arachidonsäure pro Tag. Dabei ist zu beachten, daß Arachidonsäure aus Fisch aufgrund seiner Vorteile für Rheumatiker nicht mitberechnet werden muß.

In akut entzündeten Gelenken von Rheumatikern finden sich die als Entzündungsmediatoren die Entzündung unterhaltenden Eicosanoide Thromboxan A2, Prostaglandin I2 und Leukotrien B4. Sie werden aus Arachidonsäure gebildet. Je mehr davon zur Verfügung steht, desto mehr werden vom Körper gebildet und desto heftiger wird die Entzündung. Arachidonsäure wird im Körper langsam verstoffwechselt und lagert sich in die Zellwände ein. Bereits nach wenigen Tagen des Fastens oder einer vegetarischen Ernährung verringert sich die Arachidonsäurekonzentration im Blut.

Einfluß von mehrfach ungesättigten Fettsäuren
Die Bildung von Arachidonsäure aus Linolsäure ist beim Menschen gering, so daß der Arachidonsäure-Pool insbesondere abhängig ist von der Arachidonsäurezufuhr über die Nahrung. Alle mehrfach ungesättigten Fettsäuren sind Hemmstoffe der körpereigenen Arachidonsäuresynthese. Die Regulierung der Arachidonsäuresynthese ist genau reguliert und insbesondere abhängig von der Arachidonsäurezufuhr. Eine Verminderung der Arachidonsäurezufuhr führt nicht zu einer Steigerung der Bildung von Arachidonsäure aus anderen mehrfach ungesättigten Fettsäuren. Bei einer vegetarischen Ernährung wirkt sich neben der Arachidonsäurearmut der hohe Gehalt an der mehrfach ungesättigten Linolsäure positiv aus. Reich an Linolsäure sind die pflanzlichen Fette Leinöl, Rapsöl und Sojaöl. Auch daraus hergestellte Margarinen sind für Rheumatiker empfehlenswert.

Fasten

Immer wieder hört und liest man, daß Fasten (Nulldiät) bei entzündlichen Rheumakrankheiten (chronischer Polyarthritis) Besserung bringen soll. Zahlreiche Studien zeigen, daß Fasten Patienten mit chronischer Polyarthritis oft eine überraschende Besserung bringt. Das Fasten wird meist als Nulldiät (ohne Kalorienzufuhr) bei einer täglichen Flüssigkeitszufuhr (kalorienfrei) von mindestens 2,5 Liter durchgeführt. Sinnvoller ist ein proteinmodifiziertes Saftfasten (1-2 Liter Gemüse oder Fruchtsaft + 50 g biologisch hochwertiges Protein aus fettarmem Milchprodukt). Eine Besserung stellt sich in der Regel innerhalb weniger Tage ein. Wird im Anschluß an das Fasten normal gegessen, verschlechtert sich der Zustand. Wird aber im Anschluß an das Fasten eine fettarme vegetarische Ernährung mit Milchprodukten und Fisch eingehalten, bleiben die entzündlichen Prozeße reduziert.

Wie Fasten wirkt

Beim Fasten geht innerhalb von zwei Tagen die Eicosanoidsynthese auf rund ein Drittel des Ausgangswertes zurück. Ursächlich dafür könnte ein Abfall des Arachidonsäurespiegels sein. Der Abfall ist ursächlich mit der nicht vorhandenen Arachidonsäurezufuhr über die Nahrung verbunden. In einer Studie konnte bei Fasten sowohl bei den Laborwerten als auch bei den Beschwerden eine deutlich positive Wirkung nachgewiesen werden.

Omega-3-Fettsäuren: Gegenspieler der entzündungsfördernden Arachidonsäure

In Fischölen kommen verschiedene langkettige Omega-3-Fettsäuren vor. Die wichtigsten sind die Docosapentaensäure, die Docosahexaensäure und die Eicospentaensäure. Die Eicosapen-taensäure hat große strukturelle Ähnlichkeiten zur Arachidonsäure und hemmt dadurch die Arachidonsäure- und die Entzündungsmediatorenbildung im Körper. Im Gegensatz zur Arachidonsäure wirken sich Omega-3-Fettsäuren positiv auf die Entzündungssituation aus (insbesondere Eicosapentaensäure), da sie die Umwandlung der Arachidonsäure zu Eicosanoiden und damit schließlich Entzündungsmediatoren hemmen. Dieser Prozeß braucht allerdings einige Tage bis Wochen Zeit. Eine Kost, die arm an Arachidonsäure und reich an Omega-3-Fettsäuren ist, hemmt die Entzündungsreaktionen (nicht nur der Gelenke - auch bei chronisch entzündlichen Darmerkrankungen, MS sowie anderen entzündlichen Erkrankungen und unter Umständen Migräne wird eine solche Ernährungsweise als wirksam beschrieben). Fischöle hemmen die Bildung der entzündungsunterhaltenden/-auslösenden Eicosanoide ebenso wie das antioxidativ wirksame Vitamin E. Je geringer die Arachidonsäureaufnahme mit der Nahrung ist, desto effektiver hemmt die Eicosapentaensäure aus Fischöl die Bildung von Entzündungsmediatoren.

> Bereits im Jahre 1930 führten Untersuchungen an Eskimos zu der Erkenntnis, daß entzündliche rheumatischen Erkrankungen bei diesen Menschen außerordentlich selten sind. Diese Feststellung läßt sich direkt auf die fischreiche Ernährung der Eskimos zurückführen.

Besonders reich an entzündungshemmenden Fischölen (Omega-3-Fettsäuren) sind Hering, Lachs, Makrele, Thunfisch, Sardine, Goldbarsch, Aal, Karpfen, Forelle, Heilbutt, Zander.
Aber auch alle anderen Fische und sonstige Meerestiere enthalten wertvolle Omege-3-Fettsäuren.
Der Konsum von pflanzlichen Omega-3-Fettsäuren aus Leinöl, Rapsöl oder Nussöl erscheint sinnvoll.

> Merke: Die für die Behandlung von Rheumtikern erforderliche Fischölmenge erfordert entweder täglich mindestens zwei Fischportionen oder die Einnahme von Fischölkapseln, die der Arzt verordnet.

In einer Studie wurde Patienten mit entzündlichen Rheumatischen Erkrankungen 2,7 g Eicosapentaensäure und 1,8 g Docosahexaensäure täglich verabreicht. Eine Reihe von klinischen

Parametern besserten sich deutlich unter diesen Bedingungen. Insbesondere kann es zu einer besseren Beweglichkeit der von Rheuma befallenen Gelenke und einem Rückgang der morgendlichen Steife in den kleinen Fingergelenken. Gleichzeitig konnten Rückbildung von Entzündungsparametern einschließlich einer Abnahme bestimmter, entzündlicher Gewebsreaktionen begünstigender Leukotriene gemessen werden. In anderen Untersuchungen, die täglich 10 Gramm Fischöl einschlossen, zeigte sich, daß der Bedarf an Medikamenten (insbesondere nicht steroidaler Antiphlogistica = kortisonfreie entzündungshemmende Medikamente) deutlich sank und die Entzündungen zurückgingen. Zu den gebräuchlichsten nicht steroidalen Antiphlogistica gehören Acethylsalicylsäure, Indometacin, Diclofenac und Ibuprofen. Auch Kortison wird als entzündungshemmendes Medikament häufig bei entzündlichen rheumatischen Erkrankungen eingesetzt. Zudem verordnet der Rheumatologe oftmals noch andere Medikamente, die er als Basismedikamente zusammenfaßt. Dazu gehören Goldpräparate, Methotraxat, Sulfasalazin, Azathioprin, Penicillamin und Chloroquin.

Sogenannte Rheumadiäten
Kostformen, die viele Jahre bei entzündlichen rheumatischen Erkrankungen empfohlen wurden und die nicht arachidonsäurearm und reich an hochungesättigten Fettsäuren sind, halten einer klinischen Prüfung nicht stand. Häufig wurde empfohlen, auf Nahrungsmittel mit Zusatzstoffen wie Konservierungsmittel und Obst, rotes Fleisch, Molkereiprodukte und Gewürze zu verzichten. Eine exakte Studie zeigte eindeutig, daß diese Ernährungsempfehlungen für Rheumatiker wertlos sind.

Vitamine und Mineralien bei entzündlichen rheumatischen Erkrankungen
Die Prozesse, die der verstärkten Bildung von Entzündungsvermittlern zugrunde liegt, werden auch durch antioxidative Vitamine und antioxidativ wirkende Enzymsysteme beeinflusst. Zur Bildung dieser Enzyme sind die Spurenelemente Eisen, Zink und Selen nötig. Eine optimale Versorgung des Körpers mit den Vitaminen A, E und C sowie den Spurenelementen Selen und Zink vermindert die Bildung von Entzündungsmediatoren. Als Folge der chronischen Entzündungen bei entzündlichen rheumatischen Erkrankungen ist der Bedarf an Antioxidantien bei Rheumatikern deutlich höher als bei Gesunden. 50 bis 60 Prozent der Patienten mit chronischer Polyarthritis sind unzureichend mit Vitamin E versorgt. Studien zeigen, daß der gesteigerte Antioxidantienbedarf nicht über die Ernährung gedeckt werden kann. Die Einnahme von Vitamin- und Mineralstoffpräparaten als Arzneimittel ist scheinbar erforderlich. Eine entzündungshemmende Wirkung kommt Vitamin C, Selen und Zink zu.

Vitamin E hemmt die Entzündung
Vitamin E ist ein fettlösliches Vitamin. Vitamin E aus Nahrungsmitteln ist signifikant wirksamer als synthetisches Vitamin E. Daher sollten Rheumatiker Vitamin-E-Präparate wählen, deren Ursprung natürlich ist. Das Vitamin E dieser Präparate wird aus Nahrungsmitteln gewonnen. Es hemmt die Bildung der Arachidonsäure und die Bildung von Entzündungsmediatoren. Auch wirkt es über andere immunologische Wirkungen der Entzündung entgegen. Bei Rheumatikern sind die Vitamin-E-Plasmaspiegel deutlich (50 - 60 %) verringert. Patienten mit entzündlichen rheumatischen Erkrankungen sind in der Regel unterversorgt mit Vitamin E. In Studien sind mindestens 30 % der Rheumatiker mit chronischer Polyarthritis Vitamin-E mangelversorgt. Dies begründet den Sinn einer Substitutionstherapie mit Vitamin E in Form von Medikamenten zusätzlich. Bei entzündlichen Gelenkprozessen entsteht ein lokaler Vitamin-E-Mangel. Der Vitamin-E-Gehalt der Gelenkflüssigkeit weist oftmals drastisch erniedrigte Konzentrationen, etwa um 4/5 vermindert, gegenüber der Konzentration im Blut auf. Und auch diese Konzentration ist im Vergleich zum Gesunden häufig deutlich erniedrigt.

Vitamin E reiche Nahrungsmittel
Maiskeimöl
Rapsöl
Sonnenblumenöl
Weizenkeimöl (10 g decken 133 % des täglichen Bedarfs)
Sojaöl / Sojabohnen
Leinsamen
Paprika
Schwarzwurzeln
Wirsing
Avokado
Himbeeren

Aus einem Vitamin-E-Mangel resultiert zwangsläufig ein verminderter Schutz gegen den erhöhten oxidativen Stress im entzündeten Gelenk. Dies führt zu einer verstärkten Zerstörung von Zellen und Gewebe (beispielsweise Knorpel). Die zerstörten Zellen und das Gewebe wiederum verursachen eine Zunahme der Entzündung. Ein Teufelskreis beginnt. In einer Vielzahl von wissenschaftlichen Studien zeigte sich, daß unter Vitamin-E-Gabe die Ruhe-, Dauer- und Bewegungsschmerzen zurückgingen, die Beweglichkeit verbessert war, die Griffstärke zunahm, die Morgensteifigkeit abnahm und die schmerzfreie Gehzeit verlängert war. Die in Studien verabreichte Vitamin-E-Dosis lag zwischen 500 und 1200 IE Tag (Alpha-Tocopherol). Die Ergebnisse der Studien waren im allgemeinen positiv. Eine prinzipielle Substituierung von 300 bis 600 IE Alpha-Tocopherol ist notwendig. Bei Arthrosen scheint eine Substitution von 800 bis 1200 IE Alpha-Tocopherol erforderlich und therapeutisch wirksam.

Vitamin C und Vitamin A
Vitamin C schützt Vitamin E vor der Oxidation. Oxidation ist die schädliche Veränderung beispielsweise von Zellen, fettlöslichen Vitaminen oder mehrfach ungesättigte Fettsäuren durch Sauerstoffeinfluß. Das Vitamin C im Zitronensaft beispielsweise hemmt die Oxidation des Apfels. Genau es verhindert das Braunwerden beim Apfel. Täglich sollten über Nahrungsmittel oder Tabletten insgesamt mindestens 200 mg Vitamin C aufgenommen werden. Bei Rheumatikern finden sich häufig erniedrigte Vitamin-A-Spiegel. Eine Vitamin-A-Substitution läßt sich aus den bisher vorliegenden Studien nicht ableiten.

Spurenelemente
Kupfer, Selen und Zink sind Bestandteile einer Vielzahl von Enzymen und spielen eine bedeutende Rolle in der Entzündungsabwehr. Oftmals ist bei entzündlichen rheumatischen Erkrankungen der Zink, Selen- und der Kupferspiegel erniedrigt. Im akuten Schub kann Zink in Dosen von 10 bis 20 mg substituiert werden. Die Selenzufuhr (38 bis 47 Mikrogramm) in Deutschland ist relativ gering und liegt deutlich unterhalb der Empfehlung (50 bis 100 Mikrogramm). Bei aktiver rheumatoider Arthritis erscheint eine Selensubstitution von 200 Mikrogramm empfehlenswert. Um die Bioverfügbarkeit zu erhöhen sollte Zink in organischer Form – beispielsweise als Zinkorotat oder Zinkhistidin – zugeführt werden.

Eisen
Unter entzündlichen Erkrankungen, wie Rheuma, ist oftmals der Eisenspiegel im Blut erniedrigt. Das kann zur Blutarmut (Anämie) führen. Eine Substitutionstherapie ist bei entzündlichen rheumatischen Erkrankungen jedoch in der Regel nicht angezeigt. Beim Vorliegen eines nachgewiesenen Eisenmangels durch den Arzt, niedrigem Ferritinspiegel und hohem Transferrin ist

ein Ausgleich mit Eisenpräparaten durch den Arzt empfehlenswert. In diesen Fällen ist zusätzlich Kupfer zu verabreichen.

> Merke: Da klinische Untersuchungen aus der jüngsten Zeit gezeigt haben, daß eine überhöhte Nahrung oder Arzneimittel das entzündliche Geschehen fördern kann, ist vor der Einnahme von eisenhaltigen Präparaten in jedem Falle der Arzt zu befragen.

Fischfettsäuren

Fischfettsäuren verdrängen Arachidonsäure aus Phospholipiden. Sie verringern - wie auch Antioxidantien - die Bildung von Eicosanoiden durch Hemmung der Cyclooxygenase und der Lipoxygenase. In klinischen Studien haben sich Fischölfettsäuren als wirksame Therapeutika bei chronischer Polyarthritis erwiesen. Die Wirkung einer arachidonsäurearmen Kost wird durch die gleichzeitige Verabreichung von Fischfettsäuren verstärkt.

Die Dosisempfehlung beträgt 25 bis 35 mg Omega-3-Fettsäuren pro Körperkilogramm Istgewicht (Beispiel: 70 kg schwerer Patient benötigt 1,75 bis 2,45 Gramm Omega-3-Fettsäuren).

Unter einer arachidonsäurearmen Kostform und Verabreichung von Fischölkapseln (Arzneimittelqualität !) kam es in verschieden Studien zu einer Schmerzverminderung, geringerer Morgensteifigkeit der Gelenke, größerer Griffstärke und niedrigerer Zahl schmerzhafter und geschwollener Gelenke. Der Zustand des Patienten bessert sich deutlich und die Medikation kann teilweise vermindert werden. Wir die Kost wieder auf eine herkömmliche Arachidonsäurereiche Kost umgestellt, stellen sich die Symptome wieder ein. Die Ernährungstherapie bei entzündlichen rheumatischen Erkrankungen muß um erfolgreich sein zu können, dauerhaft eingehalten werden.

Dihomo-Gamma-Linolensäure und Gamma-Linolensäure

Einige Pflanzenöle (Soja-, Raps-, Weizenkeim-, Walnuß- und Leinöl) enthalten die Omega-3-Fettsäure Alpha-Linolensäure, die im Körper zu Eicosapentaensäure aufgebaut werden kann. Zudem wird die Bildung von Eicosanoiden gehemmt. Positive Wirkungen hat auch die Dihomo-Gamma-Linolensäure, da sie Arachidonsäure aus den Membranlipiden verdrängt. Die Vorstufe Gamma-Linolensäure gelangt insbesondere über Nachtkerzenöl oder Borretschöl in den Körper. Im Körper wird die Gamma-Linolensäure durch Kettenverlängerung zur Dihomo-Gamma-Linolensäure. Mit der üblichen Kost wird eine nur verschwindend geringe Menge (nur 0,01 bis 0,02 g) der beiden Fettsäuren aufgenommen. Therapeutische Effekte in der Entzündungshemmung sind jedoch erst zu erwarten, wenn täglich 2-3 Gramm zugeführt werden (Supplementierung). Die Wirkung ist der von Eicosapentaensäure gleichwertig.

Lactovegetabile Kost mit fettarmen Milchprodukten

Patienten mit entzündlichen rheumatischen Erkrankungen können ihre Therapie mit einer laktovegetabilen Ernährung (Milch, Milchprodukte und vegane (= pflanzlich) Nahrungsmittel), die Fisch einschließt und reich an Kalzium, antioxidativen Vitaminen und Omega-3-Fettsäuren ist, aktiv und wirksam unterstützen. Mit einer solchen Ernährung werden dem Körper nur rund 50 mg Arachidonsäure zugeführt, während eine herkömmliche Kost zwischen 200 und 400 mg täglich enthält.

Oxidativer Streß

Der Einsatz von Vitaminpräparaten in der Rheumabehandlung wird immer wieder als sinnvoll diskutiert. Besonders das Vitamin E soll bei Arthritis und Arthrose helfen. Durch den Alterungsprozeß und die Überbeanspruchung verschleißt das Gelenk und wird letztendlich zerstört. Dieser Prozeß wird – so die theoretische Vorstellung - durch energiereiche Moleküle gefördert. Sie entstehen beim Stoffwechselprozeß in der Zelle unter Verbrauch von Sauerstoff. Man vermutet, daß

Vitamin E diese aggressiven und schädlichen Stoffe „wegfangen" kann. Deshalb nennt man die Vitamine E und C sowie den Mineralstoff Selen auch Antioxidantien.

Teufelskreis Oxidation:

-Vitamin E schützt vor der Oxidation der Arachidonsäure zu Entzündungsvermittlern
-Vitamin C regeneriert das oxidierte Vitamin E
-ein selenhaltiger Stoff regeneriert Vitamin C
-ein kupferhalitger Stoff schützt diesen.

Daher müssen Rheumatiker auf eine optimale Versorgung mit Vitamin E, Vitamin C, Selen und Kupfer achten. Grundsätzlich sollte die Vitamin C Zufuhr die Vitamin E Zufuhr um das doppelte übertreffen. Andernfalls kann es durch eine erhöhte Vitamin E Zufuhr zu prooxidativen und proinflammatorischen Prozessen kommen. Die Eicosanoidbildung ist ein oxidativer Prozeß, den Antioxidantien und Enzyme (beispielsweise Metalloproteine) hemmen können. Oxidativer Streß wirkt sich negativ bei Patienten mit entzündlichen rheumatischen Erkrankungen aus. In einer Studie wurde gezeigt, daß rauchende Polyarthritiker doppelt so oft einen positiven Rheumafaktor und mehr Gelenkdestruktionen aufweisen als Nichtraucher. Jede Entzündung ist ein sauerstoffverbrauchender Prozeß. Die im Fleisch enthaltene Arachidonsäure kann nur durch Oxidation mit Hilfe von Sauerstoffradikalen in Entzündungsvermittler umgewandelt werden. Antioxidantien (z. B. Vitamin E) sind in der Lage, ungesättigte Fettsäuren vor der Oxidation durch Sauerstoffradikale zu schützen und so die gefährliche Umwandlung der Arachidonsäure in Entzündungsvermittler zu hemmen.

Empfohlene Mikronährstoff-Tageszufuhr für Gesunde und Rheumatiker		
Mikronährstoff	**Gesunde**	**Rheumatiker**
Vitamin A	1,8 mg	1,8 mg
Vitamin C	75 mg	800 mg
Vitamin E	12 mg	400 mg
Kupfer	1,5 mg	3 mg
Selen	100 Mikrogramm	200 Mikrogramm
Zink	15 mg	30 mg

Zusammenfassung
Unter einer angepaßten Ernährungstherapie kommt es zur Reduktion der Entzündung bei entzündlichen rheumatischen Erkrankungen. Dies ist insbesondere abhängig von der zugeführten Arachidonsäuremenge. Die entzündungshemmenden Omega-3-Fettsäuren sowie die Omega-6 -Fettsäuren Dihomogamma-Linolensäure wirken entzündungshemmend und werden täglich substitutiert. Die „Rheuma-Ernährung" ist vorwiegend eine pflanzliche Kost, die mit fettarmen Milchprodukten, Fisch sowie pflanzlichen Fetten ergänzt wird und arachidonsäurereiche tierische Nahrungsmittel wie Fleisch und Wurst weitgehend ausschließt.

Praktische Hinweise zur Ernährung bei entzündlichen rheumatischen Erkrankungen:

■ Arachidonsäurearme Kost heißt wenig Fleisch und Fleischwaren
■ Omega 3 fettsäurereiche Ernährung heißt öfter Fischmahlzeiten
■ Pflanzliche Lebensmittel bevorzugen, denn sie enthalten keine Arachidonsäure, aber reichlich Vitamine und Mineralstoffe
■ Vollkornprodukte und Hülsenfrüchte decken den Eisen- und Selenbedarf
■ Ausschließlich pflanzliche Fette, denn sie enthalten viel Vitamin E und keine Arachidonsäure

- Koch- und Streichfett als Sojaöl, Rapsöl und daraus hergestellten Margarinen (Vitamin E reich)
- Täglich fettarme Milchprodukte, denn sie enthalten reichlich Calcium und beugen bei Cortisontherapie Osteoporose vor

Arthrose

Arthrose ist eine chronisch degenerative Gelenkerkrankung unterschiedlicher Genese und wird oft mit Osteoarthrose gleichgesetzt. Die Alterung des Gelenkknorpels führt zu einer reduzierten Permeabilität für Nährstoffe und einer Abnahme der Mukopolysaccharide, was zusammen zu einer Erweichung, Rissbildung und Erosion des Knorpels führt. Die Arthroseentstehung wird weiterhin durch alle Form- oder Funktionsstörungen gefördert, weshalb man diese Faktoren als präarthrotische Deformitäten bezeichnet. Die häufigste klinische Form ist die Arthrosis deformans (engl. Osteoarthritis). Diese tritt meist bei älteren Menschen auf und befällt vorwiegend die Gelenke der unteren Extremitäten, wie Hüfte oder Knie, was zu chronischen Erkrankungen führt. Im weiteren Stadium führt diese Erkrankung zur Zerstörung der Gelenkflächen (Gelenkknorpel und -knochen). Meist ist im fortgeschrittenen Stadium ein operativer Gelenkersatz notwendig.

Degenerative Gelenkerkrankungen entstehen oft durch Übergewicht, Überbeanspruchung, falsche Stellung oder Fehlhaltung. Weitere Begleiterscheinungen degenerativer Gelenkerkrankungen sind neben Diabetes mellitus auch Herzinsuffizienz, Hyperlipoproteinämie, Hyperurikämie und Varizen (1). Besonders im Alter kann es zu Abnutzungserscheinungen der Gelenke verstärkt im Knie-, Hüft- und Rückengelenksbereich kommen. Die Knorpelschicht umhüllt die Gelenkknochen. Die Gelenkkapseln produzieren Gelenkflüssigkeit, damit die Knorpel laufend mit Nährstoffen versorgt sind. Mit zunehmendem Alter nimmt die Knorpelschicht an Elastizität ab, wird faserig und bildet sich zurück. Bei verschlissener Knorpelschicht sind auch der Knochen und die den Knochen umgebenden Gelenkkapseln mit ihren Bändern und Muskeln in Mitleidenschaft gezogen. Andere Ursachen für degenerative Gelenkerkrankungen sind Meniskus- und Kreuzbandverletzungen bei intensivem Sport oder schlecht verheilten Knochenbrüchen. Man unterscheidet bei der Arthrose primäre, so genannte ideopathische, und sekundäre Arthrosen. Primäre Arthrose meint die degenerative Gelenkerkrankung, welche mit dem physiologischen Alterungsprozess ohne weitere äußere oder innere Ursachen einhergeht. Primäre Arthrose entsteht aus ungeklärter Ursache. Diskutiert werden unter anderem genetische Dispositionen, Durchblutungsstörungen durch hormonelle Fehlfunktionen oder mechanische Überbelastungen. Sekundäre Arthrose entsteht häufig als Begleiterkrankung anderer Leiden, wie Gelenkfehlstellungen, unphysiologischen Gelenkbelastungen oder wegen Adipositas verursachter starker Gelenkbelastung.

Stoffwechselstörungen wie Ochronose, eine Ablagerung von Homogentisinsäure, oder Diabetes mellitus führen ebenfalls zu sekundären Arthrosen. Bei Diabetes spielen neben der Stoffwechselstörung auch Gefäßkomplikationen und die diabetische Polyneuropathie zur Arthroseentwicklung eine wichtige Rolle. Weitere metabolische Ursachen sind Gicht und Kalziumpyrophosphatablagerungen (Pseudogicht), welche besonders in Menisken und Bandscheiben auftreten. Durch immer wiederkehrende intraartikuläre Blutungen kann Arthrose auch bei Hämophilie A und B auftreten (so genanntes Blutergelenk). Postinfektiöse Arthrosen entstehen oft nach eitrigen Arthriden, welche den Knorpel zerstören. Beispielhaft seien dafür Gonorrhöe und Tuberkulose genannt. Eine weitere wichtige Ursache sind Autoimmunerkrankungen (rheumatoide Arthritis, Lupus erythematodes, Sklerodermie) und gelenknahe aseptische Knochennekrosen. Es gibt keine geschlechtsspezifischen Unterschiede, jedoch treten bei Männern eher Hüft- und Kniegelenksarthrosen auf, während Frauen verstärkt unter Arthrosen kleinerer Gelenke, wie beispielsweise der Finger leiden. Dort bilden sich charakteristische knochige Verdickungen, so genannte Heberdenknötchen (Osteophyten) aus.

Pathogenese bei Arthrose
Das primäre Ereignis, das zur Arthrose führt, ist eine Zerstörung des Gelenkknorpels durch äußere
oder innere Einflüsse. Beispiele hierfür sind Fehlbelastungen, Stoffwechselstörungen oder
Infektionen. Die Chondrozyten, in die Interzellulärsubstanz des Knorpels eingelagerte
Knorpelzellen, welche für den Erhalt der Knorpelschicht zuständig sind, sezernieren Zytokine.
Diese Botenstoffe des Immunsystems regulieren die entzündliche Reaktion. Der Effekt der
Zytokine wird durch eine erhöhte Sensitivität der Rezeptoren im arthrotischen Gelenk erhöht. Eine
Zerstörung der Zellmembranen führt über die Phospholipasenaktivität zur Freisetzung von
Phospholipiden, welche Eikosanoide (Leukotriene und Prostaglandine) enthalten. Diese sind als
Mediator bei Entzündungsreaktionen von Bedeutung. Freigesetzte Eikosanoide vermitteln
Gefäßveränderungen und Veränderungen des Gefäßbindegewebes, was zu klinischen Symptomen
der Arthrose führt.

Morphologie
Die Knorpelkappen der Gelenkflächen zeigen unter dem Mikroskop eine unregelmäßige und
aufgeraute Kontur. Im Randbereich der Knorpelkappen, zumeist an den Wirbelknochen, kommen
häufig Osteophyten vor. Dies sind höckerartige Knochenneubildungen. Geröllzysten finden sich als
große, häufig mit nekrotischen Knochenbällchen und Knochenfragmenten gefüllte Pseudozysten
unter der destruierten Knorpelkappe. Lichtmikroskopisch werden auf dem hyalinen Knorpel
Asbestfaserung, oberflächliche Defekte und hyperplastische Chondrozyten sichtbar. Der
subchondrale Knochen zeigt als Folge der überschießenden Regeneration verbreiterte und
verklumpte Knochenbälkchen (Spongiosa), der Markraum ist fibrosiert und enthält nekrotische
Knorpelfragmente und mikrofrakturierte Knochenbälkchen. Das Meniskusgewebe zeigt
histologisch eine Auflockerung der Grundsubstanz und eine unregelmäßige Faserstruktur.
Oberflächlich finden sich meist unterschiedlich große Knorpelnekrosen und Einrisse, in deren
Randbereich man proliferierende hyperplastische Knorpelzellen erkennen kann.

Das klinische Krankheitsbild äußert sich anfänglich in Steifheit und Schmerzen nach längerer
Belastung und bei Behandlungsbeginn, wenn der Patient aufgrund dieser Schmerzen den Arzt
aufsucht. Später leiden die Betroffenen unter stärkeren Schmerzen, die zu
Bewegungsbehinderungen führen können. Diese Schmerzen können auch in Ruhephasen, nachts
oder witterungsbedingt auftreten. Die Diagnose der Arthrosen ist anfangs nicht immer einfach, da
Arthrosen zwar klinisch nachweisbar, aber oft stumm sind, also schmerzlos und nicht aktiv.
Zwischen pathologisch-anatomischen, radiologisch nachweisbaren und klinisch relevanten
Arthrosen bestehen oft Diskrepanzen. Bei bestehendem Verdacht auf Arthrose wird der Patient
daher auch radiologisch mittels Röntgen, Computertomographie, Magnet-Resonanz-Tomographie
und Arthroskopie untersucht. Erst danach wird medikamentös therapiert, denn nur 20 bis 30 % der
Arthrosen verlaufen schmerzhaft (1).

Arthroseformen
Grundsätzlich kann Arthrose an jedem Gelenk auftreten. Die häufigsten Arthroseformen sind:
- Kniegelenksarthrosen (Gonarthrose):
  Arthrotische Veränderungen können entsprechend der statischen Belastung überwiegend
  die mediale oder laterale Gelenkfläche betreffen
- Hüftgelenksarthrose (Coxarthrose)
  Zunehmende Deformierung kann zur Subluxation führen (Teilausrenkung eines Gelenks)
- Sprunggelenksarthrose am oberen und unteren Sprunggelenk
- Daumengelenksarthrose (Rhizarthrose)
- Schultergelenksarthrose (Omarthrose)
  Gelenkspaltverschmälerung
- Wirbelsäulenarthrose (Spondylarthrose)
  Gelenkspaltverschmälerung

* Fingerendgelenksarthrose (Herberden-Arthrose)
* Fingermittelgelenksarthrose (Bouchard-Arthrose)
* Daumensattelgelenksarthrose (Rhizarthrose)
* Großzehengrundgelenksarthrose (Hallux rigidus)
* Fehlstellung des Grosszehs (Hallux valgus)
* Kreuz-Darmbeingelenks-Arthrose (Iliosakralgelenksarthrose)
* Kiefergelenksarthrose (Myoarthropathie)
* an mehreren Gelenken gleichzeitig auftretende Arthrose (Polyarthrose, multiple Arthrose)

Entzündliche Gelenkerkrankungen sind unter anderem Arthritis, Rheuma, Rheumatoide Arthritis mit ihren Sonderformen, Psoriasis Arthritis, Morbus Bechterew und Gelenkerkrankung nach Infekten, wie Harnwegs- oder Darmentzündungen. (2, 3, 4)

Therapie
Eine kausale, d. h. die Ursache behebende Therapie der Arthrose, gibt es nicht, obwohl eine Vielzahl von "Knorpelaufbaupräparaten" angeboten werden. Diese reichen von Gelatine bis zu pflanzlichen Wirkstoffen mit den verschiedensten Inhaltsstoffen. Es fehlt bisher der wissenschaftliche Beweis für ihre Wirkung. Verschiedene Maßnahmen können jedoch eine deutliche Erleichterung der Beschwerden bei Arthrose bringen:
* **Gewichtsreduktion** bei Übergewicht
* **Physikalische Therapie** und **Krankengymnastik**, die gute symptomatische Wirksamkeit zeigen
* **Gelenkinjektionen** mit Spülung des Gelenks und Injektion von Cortisonpräparaten in entzündlichen Phasen der Arthrose oder Applikation von Lokalanästhetika als Schmerztherapie
* Gabe von **Hyaluronsäure** in das Kniegelenk, welches als "Gelenkschmiere" wirkt und manchen Patienten längere Zeit Schmerzerleichterung bringt
* **Orthopädietechnik** (Handstock, Pufferabsätze, Schuhaußen- bzw. -innenranderhöhungen)
* **Schmerzmittel**: z. B. Cyclooxygenase-Hemmer

Die Arthrosetherapie orientiert sich an drei Zielen: Erhaltung der Gelenkfunktion, Schmerzreduktion sowie Aufhalten der Knorpelzerstörung. Oft sind Gewichtsreduktion, Kräftigung der gelenkumgreifenden Muskulatur und eine gleichförmige, belastungsarme Bewegung der Gelenke wirksame Erste-Hilfe-Maßnahmen, bevor medikamentös therapiert wird. Eine Gewichtsreduktion verringert den statischen Druck auf den Knorpel beim Stehen. Die Kräftigung der gelenkumgreifenden Muskulatur reduziert die Schmerzen und verbessert die Gelenkfunktion. Zyklische, gleichmäßige und belastungsarme Bewegungen wie Fahrradfahren wirken sich auch bei bereits fortgeschrittener Arthrose positiv aus. Die Arzneimittelkommission der Deutschen Ärzteschaft (AkdÄ) empfiehlt zur Arthrosetherapie Analgetika. Dazu gehören je nach Schmerzgrad nichtsteroidale Antirheumatika (NSAR) wie Paracetamol, Diclofenac oder Ibuprofen, gut magenverträgliche Cyclooxygenase-2-Hemmer (COX-Hemmer) und stark wirksame Analgetika vom Morphin-Typ. Sie hemmen die Bildung entzündlicher Zytokine und Metalloproteinasen und fördern die Proteoglykansynthese der Chondrozyten.

Einige Schmerzmittel stehen jedoch im Verdacht, langfristig den Knorpel zu zerstören und Gewebeneubildungen zu verhindern. Eine Alternative bieten so genannte Chondroprotektiva. Das sind Kombinationspräparate mit Chondroitinsulfat, Glucosamin und Hyaluronsäure bzw. deren Derivaten. Im Weiteren wird auf Studien von Glucosamin und Chondroitin eingegangen.

Allgemeine Ernährungsempfehlungen:
Allgemeine Empfehlungen beinhalten neben einem normalen Körpergewicht eine ausgewogene, vitamin- und mineralstoffreiche Ernährungsweise. Diese sollte reich an Obst und Gemüse,

Vollkornprodukten, knochenstärkendem Calcium und Vitamin D, radikalhemmendem Vitamin E und C sowie Selen sein. Zusätzlich ist auf eine gesunde Lebensweise zu achten, die auch das Rauchen vermeidet. Denn Rauchen verengt die Gefäße und mindert die Sauerstoffversorgung im Körper und somit auch in den Gelenken.

Was sind Glucosamine und Chondroitin?
Der menschliche Körper wird kontinuierlich von Bindegewebe durchzogen. Jedes Bindegewebe weist einen typischen Aufbau aus Zellen und Extrazellulärsubstanzen auf, wobei letztere die Hauptmasse des Bindegewebes bilden. Die extrazellulären und zellassoziierten Bausteine stellt die Körperzelle aus niedermolekularen Substraten auf dem Wege der Totalsynthese selbst her. Die Bindegewebszelle besitzt die dafür benötigten Enzyme für die Faserproteine Kollagen und Elastin und die Proteoglykane der Grundsubstanz. Die körpereigenen Bausteine Glucosamin (Glucosaminsulfat) und Chondroitin (Chondroitinsulfat) sind in allen wichtigen Körpergeweben enthalten, selbst in Blutgefäßen und den Herzklappen. Die hauptsächliche Aufgabe von Glucosamin- und Chondroitinsulfat liegt im Aufbau und Erhalt von Gewebsstrukturen des Bewegungsapparates. Bindegewebe, Bänder, Sehnen, Knorpel, Knochen und gesunde Gelenke mit genug Gelenkflüssigkeit sind auf eine ausreichende Versorgung mit diesen Substanzen angewiesen. Steht dem Körper nicht genug Glucosaminsulfat zur Verfügung, so wird die Gelenkflüssigkeit dünner und wässriger. Die Gelenke sind dann anfälliger für Abnutzung und Verletzungen. Bei anderen Verschleißteilen, wie den Bandscheiben, verhält es sich ähnlich. Je mehr Glucosamin dem Körper zur Verfügung steht, desto mehr Knorpelmasse kann er produzieren. Normalerweise stellt der Körper genügend Glucosamine her, um die Gelenke funktionsfähig zu halten und kleine Schäden zu reparieren. Mit zunehmendem Alter nimmt die körpereigene Glucosamin-Produktion allerdings ab: Das Gelenk trocknet aus und die Knorpelmasse wird schlecht ernährt, ungleichmäßig aufgebaut und kleinere Verletzungen heilen nicht mehr.

Chemische Struktur von Glucosamin und Chondroitin
Glykosaminoglykane sind hochpolymere Verbindungen aus Aminozuckern, so genannte Mukopolysaccharide, zu denen Glucosamin, Chondroitin und Hyaluronsäure zählen. Das Glucosaminmolekül ist kleiner als Chondroitin und wird daher im Verdauungstrakt besser und schneller resorbiert. Eine Verbindung von Glucosamin und Chondroitin mit dem Salz der Schwefelsäure bildet Substanzen, die der Organismus besser aufnimmt und verwertet. Diese bio-aktiven Formen von Glucosamin und Chondroitin sind Glucosaminsulfat (Abb. 1) bzw. Chondroitinsulfat (Abb. 2). Der Aminozucker D-Glucosamin (2-Amino-2-desoxyglucose) ist in der Natur Bestandteil zahlreicher Oligo- und Polysaccharide. Glucosamin ist an der Biosynthese der Aminozucker beteiligt und wird unter ATP-Freisetzung zu Glucosamin-6-phosphat umgewandelt. Als Endprodukt entstehen UDP-N-Acetylglucosamin, ein N-substituierter Aminozucker (N = Stickstoff), und UDP-N-Acetylgalaktosamin. UDP-N-Acetylglucosamin ist im weiteren Verlauf an der Synthese von Glykoproteinen und Glykosaminglykanen beteiligt.

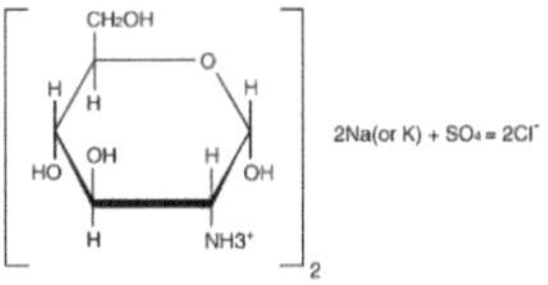

Abb. 1: Glucosaminsulfat

Glucosamin ist für die Herstellung aller „Gleit- und Dämpfungsschichten" erforderlich. Das heißt, Glucosamin ist am Aufbau von Knorpel in den Gelenken und der „Gelenkschmiere" beteiligt. Die Synovialflüssigkeit (Gelenkschmiere) besteht zur Hälfte aus Hyaluronsäure, einem Mukopolysaccharid, welches eine Vorstufe zur Bildung von Glucosamin darstellt. Diese intrazelluläre Kittsubstanz ist ein wichtiger Bestandteil des Bindegewebes. Insulinmangel und regelmäßige Kortikoidzufuhr stört bzw. verhindert die körpereigene Hyaluronsäureproduktion. Hyaluronsäure verleiht der Gelenkflüssigkeit ihre Zähigkeit und stellt die Gleitfähigkeit zwischen Gelenk-Innenhaut und Knorpel her.

Chondroitinsulfat gehört zu den Proteoglykanen, einer Kohlenhydrat-Proteinverbindung mit variabler Polysaccharidkettenanzahl und zusätzlich auch variabler Anzahl von Oligosaccharidresten mit einem Proteinteil in kovalenter Verbindung. Da am Aufbau der sich wiederholenden Disaccharideinheiten immer Aminozucker beteiligt sind, bezeichnet man diese Verbindung auch als Glykosaminoglykane. Diese anionischen Linearpolymere enthalten alternierend einen N-acetylierten Aminozucker, eine Uronsäure sowie eine Estersulfatgruppe (5). Nach der oralen Aufnahme wird das Molekül enzymatisch in Mono- und Disaccharide gespalten, welche die Darmwand passieren können. Die Spaltstücke reichern sich an Glykosaminoglykane an. Aus ihnen werden von der Knorpelzelle alle im Knorpel vorhandenen Glykosaminoglykane, welche für Stoßdämpfung und reibungslose Bewegung des Knorpels verantwortlich sind, synthetisiert. Aufgrund seiner Struktur hat es die höchste Wasserbindungskapazität aller sulfatierten Glykosaminoglykane.

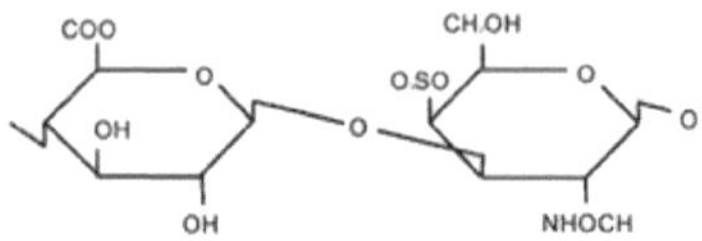

Abb. 2: Chondroitinsulfat

Bedeutung von Glucosamin und Chondroitin im menschlichen Körper
Proteoglykane werden in unterschiedlichen Konzentrationen von allen Zellen gebildet. Im Folgenden sind einige Funktionen aufgeführt:
- Vermittlung von Zell-Zell-Kontakten und Zell-Matrix-Wechselwirkungen durch Zellmembran-integrierte Proteoglykane
- Kontrolle der Zellproliferation durch spezifische Bindung von Wachstumsfaktoren
- Viskoelastisches Verhalten hochmolekularer hydratisierter Proteoglykane bei Druckbelastung

Glucosamine sind an der Entwicklung und Reparatur von Gelenkknorpeln sowie der Knochenbildung beteiligt. Chondroitin ist ein Knorpelbaustein, der die Wasserretention und Elastizität begünstigt, sowie andere körpereigene Enzyme vor dem Abschwächen der Gelenkknorpelbausteine schützt. Er kommt überwiegend im wasserreichen Knorpel vor (5). Wirksame knorpelschützende Mittel sollten folgende Aufgaben erfüllen können:
- Steigerung der Synthese der Knorpelzellen (Glykosaminoglykane, Proteoglykane, Kollagen, Proteine, RNA und DNA)
- Förderung der Synthese von Hyaluronsäure
- Aufhalten der knorpelabbauende Enzyme
- Mobilisierung von Thrombozyten, Fibrin, Lipiden und Cholesterin in den Zwischenräumen der Gelenkinnenhaut
- Linderung des Gelenkschmerzes
- Eindämmung der Gelenk-Innenhaut-Entzündung

Die Zusammenarbeit und ineinander greifende Wirkung der Gelenknährstoffe normalisiert die Knorpelmatrix und verhilft dem Knorpel so auf zellulärer Ebene zur Selbstheilung.

Studienergebnisse
Laborstudien suggerieren, dass Glucosamine die Produktion von knorpelbildenden Proteinen
stimulieren. Andere Studien stellen fest, dass Chondroitin die Produktion knorpelzerstörender
Enzyme und Entzündungen hemmt. Die aus Krebstierschalen und Kuhknorpel hergestellten
Supplemente zeigen in Humanstudien eine bessere Wirksamkeit als konventionelle
Arthritismedikamente. Eine geringere Steifheit mit weniger Nebenwirkungen und
Schmerzreduktion sind hier die wichtigsten Argumente (6). Den wissenschaftlichen Studien liegen
oft der Lequesne-Index bzw. der WOMAC-Index als Grundlage zur Beurteilung der Arthrose
zugrunde. Der Lequesne-Index ist ein Standard-Punkt-Wert, mit dessen Hilfe sich die Schmerzen,
Gehleistung und Funktionseinschränkungen bei Arthrose beschreiben lassen. Der WOMAC-
Arthrose-Index ist ein vom Patienten selbst auszufüllender Fragebogen, welcher Schmerz,
Gelenksteifigkeit und körperliche Funktionsfähigkeit des Patienten erfaßt.

In der randomisierten, placebokontrollierten und doppelblinden Studie von Noack et al. (7) wurden
252 Patienten täglich über vier Wochen mit 500 mg Glucosaminsulfat bzw. einem Placebopräparat
behandelt. Der Lequesne-Index lag bei Studienbeginn in beiden Gruppen bei 10,6 und reduzierte
sich in der Glucosamingruppe auf 7,45 Punkte. Die Placebogruppe hatte einen durchschnittlichen
Lequesne-Index bei 8,4 Punkten. Die Medikation wurde von beiden Gruppen gut vertragen.
Reginster et al. (8) und Pavelka et al. (9) ermittelten unabhängig voneinander während drei Jahren
in randomisierten, doppelblinden, placebokontrollierten klinischen Studien den Einfluss von
Glukosaminsulfat bei Arthrose. Reginster et al. untersuchten 212 Patienten mit primärer
Kniegelenksarthrose. Die Patienten hatten einen BMI unter 30 und waren über 50 Jahre alt. Sie
erhielten täglich 1.500 mg Glukosaminsulfat bzw. ein Placebo über drei Jahre. Die mit Glukosamin
behandelte Gruppe zeigte im Gegensatz zur Placebogruppe keine signifikanten Veränderungen in
der Gelenkspaltweite (Glukosamingruppe: 0,07 mm; 95 %iger Vertrauensbereich, -0,17 bis 0,32
mm. Placebogruppe: -0,31 mm; 95 %iger Vertrauensbereich, -0,57 bis -0,04 mm). Der WOMAC-
Gesamtindex veränderte sich bei der Glukosamingruppe nach drei Jahren um -24,3 % (95 %iger
Vertrauensbereich, -37,0 bis -11,6 mm). Bei der Placebogruppe ist eine Änderung von 9,8 % (95
%iger Vertrauensbereich, -14,6 bis 34,3 mm) zu verzeichnen. Als Ergebnis lässt sich festhalten,
dass eine Anwendung mit Glukosamin den Anschein hat, leichte bis moderate Arthroseformen zu
lindern. Stellt man die Placebo-Gruppe der Glukosamin-Gruppe gegenüber, wird deutlich, dass bei
der Glukosamin-Gruppe kein Fortschreiten der Krankheitssymptome aufgetreten ist, es sogar
symptomatische Linderung gab. Es wurde jedoch kein Unterscheid in der Steifigkeit festgestellt (8).
Beide Gruppen zeigten keine Nebenwirkungen.

Pavelka et al. untersuchten während drei Jahren 202 Patienten mit leichter bis mäßiger
Kniegelenksarthrose, bei denen der Einfluss von täglich 1.500 mg Glukosaminsulfat bzw. einem
Placebo auf eine verzögerte Entwicklung einer Gonarthrose festgestellt wurde. Im Röntgenbild
wurden kleine erkennbare Veränderungen der Kniegelenkspaltweite gemessen. Die
durchschnittliche Gelenkspaltweite betrug weniger als 4 mm. Nach Ablauf der Studie kam es in der
Placebogruppe zu einer fortschreitenden Verengung des Gelenkspalts um 0,19 mm (95 %iger
Vertrauensbereich, -0,29 bis -0,09 mm). Durch die Gabe von Glukosaminsulfat hat sich der
Gelenkspalt nicht signifikant verändert (0,04 mm, 95 %iger Vertrauensbereich, -0,06 bis 0,14 mm).
Der Unterschied zwischen den beiden Gruppen war demnach signifikant. Bei der mit
Glukosaminsulfat behandelten Gruppe traten die vor Studienbeginn als schwere
Gelenkspaltverengung definierte Kniegelenksarthrose (0,5 mm) seltener auf (5 % gegenüber 14 %).
Gleichzeitig verbesserte sich die Symptomatik um 20 bis 30 % gegenüber der Placebogruppe. Nach
Abschluss der Studie unterschieden sich beide Gruppen bezüglich des Lequesne-Index sowie des
WOMAC-Gesamtindex hinsichtlich Funktionseinschränkung und Steifigkeit signifikant.
Abschließend stellten Pavelka und seine Mitarbeiter fest, dass eine Langzeittherapie mit
Glukosaminsulfat das Fortschreiten der Kniegelenksarthrose verlangsamt, so dass diese Substanz

möglicherweise eine krankheitsmodifizierende Wirkung besitzt (9). Die Behandlung wies in beiden Gruppen keine Nebenwirkungen auf.

Eaton und Dr. Lloyd stellten fest, dass zugefügtes Chondroitinsulfat zusammen mit Glukosaminsulfat die Knorpelneubildung verbessert. Chondroitin hemmt die proteoglykanabbauenden Enzyme und stimuliert im Weiteren die Synthese von Proteoglykanen und Kollagen (10). Bucsi und Poor (11) untersuchten die Effektivität und Verträglichkeit von oral verabreichtem Chondroitinsulfat bei Kniegelenksarthrose. In der randomisierten, doppelblinden und placebokontrollierten Studie wurde den Studienteilnehmern während sechs Monaten zweimal täglich 400 mg Chondroitinsulfat bzw. ein Placebo oral verabreicht. Zu Studienbeginn und nach einem, drei und sechs Monaten fanden bei den 80 Patienten klinische Kontrollen statt. Zusammenfassend lässt sich sagen, dass die Chondroitinsulfatgruppe definierte Spaziergänge länger schmerzlos laufen konnte als die Placebogruppe. Die Patienten mit Placebogabe hatten einen etwas höheren Paracetamolverbrauch. Diese Ergebnisse suggerieren sehr, dass Chondroitinsulfat eine langsam-wirkende Arznei bei Kniegelenksarthrosen ist.

Reichelt et al. (12) untersuchten während sechs Wochen in ihrer randomisierten, placebokontrollierten, doppelblinden Studie an 155 Patienten die Wirksamkeit von zweimal wöchentlich 400 mg intramuskulär injiziertem Glukosaminsulfat sowie eines Placebopräparates. Die Probanden beider Gruppen litten seit mindestens sechs Monaten an Kniegelenksarthrose und hatten anfangs einen Lequesne-Index von durchschnittlich zehn Punkten oder etwas mehr. Nach Berücksichtigung aller Ausfälle wiesen 51 % der Glukosamingruppe (entspricht 73 Probanden) deutliche Verbesserungen auf, im Gegensatz zu 30 % der Placebogruppe (69 Probanden). Muller-Fassbender et al. (13) stellten in ihrer randomisierten, doppelblinden Studie an 200 Probanden mit Kniegelenksarthrose fest, dass die dreimalige, tägliche orale Gabe von 500 mg Glukosaminsulfat versus 400 mg Ibuprofen während vier Wochen den Lequesne-Index von anfänglich mehr als 12 Punkten um zwei Punkte reduziert. Gleichzeitig war kein Unterschied zwischen der Glukosamin- und der Ibuprofengruppe festzustellen. Der Lequesne-Index betrug im Mittel 16 Punkte und reduzierte sich in beiden Gruppen um mindestens sechs Punkte. Im Gegensatz zur Glukosamingruppe litten 35 % der Ibuprofengruppe an gastrointestinalen Nebenwirkungen. Abschließend lässt sich festhalten, dass Glukosaminsulfat in der anti-entzündlichen Wirkung mit Ibuprofen vergleichbar ist, weshalb Glukosaminsulfat als sicheres und langsamwirkendes Medikament bei Kniegelenksarthrose zu empfehlen ist.

Untersuchungen zufolge wirkt Glucosamin nicht nur symptomatisch, sondern kann auch den Arthrose-Prozess am Knorpel hemmen. Reginster untersuchte mit seinem Team 1999 in einer dreijährigen kontrollierten Studie an 212 Gonarthrose-Patienten die Effektivität von 1.500 mg Glucosaminsulfat täglich. Bei der Gruppe, welche diesen Wirkstoff erhielt, nahm die Verschmälerung des Gelenkspaltes so gut wie nicht zu (0,06 mm), bei der Placebo-Gruppe wurde der Spalt dagegen im Durchschnitt um 0,31 mm schmaler. Zudem nahm in dieser Gruppe die Symptomatik der Arthrose (Steifigkeit, Funktionsverlust, Schmerzen) zu, während sie bei den anderen Patienten zurückging (14).

Verhaltensweisen zur Vermeidung von Arthrose
Glucosamin und Chondroitin lassen sich durch Ernährung dem menschlichen Körper nur schlecht zuführen, da sie vor allem im tierischen Knorpelgewebe enthalten sind. Es ist daher empfehlenswert, vorbeugende Maßnahmen zum Schutz der Gelenke zu ergreifen. Gewichtsreduktion, moderater Sport und Kontraindikation von Fehlhaltungen sind nur einige Verhaltensweisen, um einer Arthrose entgegenzuwirken. Glucosamin und Chondroitin sind als Arthrosemedikamente geeignet. Sollte keine Besserung eintreten, kann der Patient immer noch auf konventionelle schulmedizinische Medikationen ausweichen. Folgende Maßnahmen wirken bei Arthrose präventiv:

- Vermeiden unebener Wege (Stoßbelastung)
- vernünftiger Wechsel von Be- und Entlastung
- vernünftige Benutzung von Gehilfen
- Benutzen von Schuhen mit Pufferabsätzen (weiche Sohlen)
- Vermeiden von Kälte und Nässe
- Warmhalten der Gelenke (Mikroklima)
- lockere sportliche Gymnastik
- Schwimmen im warmen Wasser

Stellenwert der Ernährungstherapie bei degenerativen Gelenkerkrankungen
Die effektive Arthrosetherapie hat vier grundlegende Mechanismen zum Ziel. Zum einen die Entzündungshemmung der betroffenen Gelenke im zellulären Bereich sowie die Modulation der Synthese von Knorpelproteoglykanen und Hyaluronsäure. Direkte antidegradative Eigenschaften sind die Hemmung proteolytischer Enzyme und Minderung der Schädigung von Matrixmolekülen durch freie Radikale. Mindestens ebenso wichtig wie die vorangegangenen Ziele ist die schützende Wirkung auf zelluläre Knorpelbestandteile. Chondroitin verzögert und schützt erwiesenermaßen vor Knorpelabbau. Glukosamin ist ein wichtiger Baustein für die Knorpelgrundsubstanz und hemmt unter anderem katabole Prozesse im Gelenkknorpel, indem die Elastasefreisetzung aus den aktivierten Granulozyten und die Aggrekanasefreisetzung aus Chondrozyten gehemmt wird (15, 16, 17). Glukosamin und Chondroitin weisen erste symptomatische Effekte erst nach ungefähr sechs bis acht Wochen regelmäßiger Einnahme auf. Sie wirken langsam. Hinsichtlich der klinischen Effektivität besteht jedoch kein Unterschied in der Wirkung bei nichtsteroidaler Antirheumatikatherapie (NSAR). Eine Meta-Analyse bestätigt die beschriebene Wirkung (18). Gesicherte Wirkungen kann der Patient oft erst nach einigen Monaten feststellen. Ein weiterer wichtiger Vorteil der Glukosamin- und Chondroitintherapie besteht in der nachhaltigen Wirkung über mehrere Monate auch nach Absetzen der Medikation. Dies erlaubt zweijährliche Therapiezyklen, bei denen über drei Monate Chondroitin und Glukosamin verordnet wird. Gleichzeitig weisen Glukosamin und Chondroitin im Vergleich zu konventionellen Arthrosemedikamenten wesentlich geringere Nebenwirkungen auf. So müssen einige Patienten nur vereinzelt mit leichten Magenbeschwerden, Flatulenz und weicheren Stühlen rechnen. COX-Hemmer werden unter anderem mit kardiovaskulären Komplikationen in Verbindung gebracht und nichtsteroidale Antirheumatikatherapeutika (NSAR) weisen zu große gastrologische Nebenwirkung auf. Tierversuche haben die Wahrscheinlichkeit hervorgerufen, dass Glucosamin die Insulinresistenz bei Typ-2-Diabetikern verstärken könnte. Humanstudien konnten diese Risiken bisher nicht entdecken. Patienten mit Diabetes mellitus sollten ihren Blutzuckerspiegel kritisch beobachten, wenn eine Einnahme dieser Präparate in Betracht gezogen wird. Es gibt bisher keine Anzeichen für allergische Reaktionen bei der Einnahme von Glucosamin. Da es allerdings aus Schalentieren gewonnen wird, sollten Patienten, die allergisch auf jene reagieren, besonders sorgfältig auf die Einnahme achten oder von dem Produkt gänzlich Abstand nehmen. In Bezug auf Chondroitinsulfat kann dieses bei Bluterkranken oder Patienten, die Blutverdünnungsmittel einnehmen, zu Blutungen führen. Aus ernährungsmedizinischer Sicht ist die Supplementation von Glucosamin und Chondroitin sinnvoll, wenn gleichzeitig die bindegewebsstärkenden und entzündungshemmenden Vitamine C und E, der Radikalfänger Selen, Sauerstoff transportierendes Kupfer, zellbildende Folsäure und abwehrstärkendes Zink zugeführt werden.

Autor:
Sven-David Müller, M.Sc.
Master of Science in Applied Nutritional Medicine, staatlich anerkannter Diätassistent, Diabetesberater der Deutschen Diabetes Gesellschaft (DDG) und Medizinjournalist, Haddamshäuser Weg 4a, 35096 Weimar an der Lahn, www.svendavidmueller.de, diaetmueller@web.de